BEI GRIN MACHT SICH IHR WISSEN BEZAHLT

- Wir veröffentlichen Ihre Hausarbeit, Bachelor- und Masterarbeit

- Ihr eigenes eBook und Buch - weltweit in allen wichtigen Shops

- Verdienen Sie an jedem Verkauf

Jetzt bei www.GRIN.com hochladen und kostenlos publizieren

Bibliografische Information der Deutschen Nationalbibliothek:

Die Deutsche Bibliothek verzeichnet diese Publikation in der Deutschen National-
bibliografie; detaillierte bibliografische Daten sind im Internet über http://dnb.d-
nb.de/ abrufbar.

Impressum:

Copyright © 2010 GRIN Verlag, Open Publishing GmbH
Druck und Bindung: Books on Demand GmbH, Norderstedt Germany
ISBN: 9783640642489

Dieses Buch bei GRIN:

http://www.grin.com/de/e-book/152346/neem-inhaltsstoffe-im-organischen-landbau

Katrin Haupka

Neem-Inhaltsstoffe im organischen Landbau

GRIN Verlag

Neem-Inhaltsstoffe im organischen Landbau

MP 22 „Produktionsverfahren im organischen Landbau"
Gießen, SS 2010
Katrin Haupka

Abstract

The neem tree (*Azadirachta indica* A. Juss.) contains a considerable number of biologically active ingredients. In plant protection mostly the insecticidal activity of neem products is important, although nematicidal and bactericidal effects are known. Among these insecticidy active ingredients azadirachtin is the most important in biological pest management. Neem derivatives influence insects in various ways. First they have an repellent effect, the insects avoid plants after neem application. Females of some lepidopterous insects also seem to avoid these plants and will not lay their eggs under them. Also there are antifeedant effects of neem, so that insects will not feed from neem-treated plants or, when they feed, the food intake is significantly reduced.

Neem ingredients also have an effect on the metamorphosis of insects. So treatment with azadirachtin delayed moulting of *Periplaneta americana* for several days. Moulting, if it occurred was incomplete an resulted in the death of the insects subjected to the test. Some insect species will not moult into the imagine stage after neem treatment.

Der Neembaum (*Azadirachta indica* A. Juss.)

Azadirachta indica A. Juss. ist ein schnell wachsender Baum, der Höhen von 15–20 m, unter guten Bedingungen sogar 35-40 m, erreicht. Er ist ein immergrüner Baum, mit eschenähnlichen Fiederblättern, welcher nur unter Extrembedingungen, wie etwa lang anhaltender Trockenheit seine Blätter abwirft (Schmutterer, 1990, Benge, 1988). Als ursprüngliche Heimat wird Myanmar (Burma) vermutet (Benge 1988). Der Neembaum ist heute weltweit in tropischen und subtropischen Klimaten beheimatet. Er bevorzugt heiße, aride Klimabedingungen mit Durchschnittstemperaturen von 31-32°C, kann aber auch durchaus bei Temperaturen um 50°C überleben (Schmutterer, 1990).

Azadirachta indica ist anspruchslos, was den Boden betrifft, sehr widerstandsfähig gegenüber Trockenheit und begrenzt auch gegen Bodenversalzung; Staunässe und Frost verträgt er allerdings nicht (Benge, 1988; Schmutterer, 1990). Die Wurzeln können dabei doppelt so tief ins Erdreich eindringen als der Baum hoch ist (Schmutterer, 1990).

Der Neembaum trägt 1-2 Monate im Jahr (i.d.R. Mai/Juni) olivenähnliche, gelbe, ovale Früchte, deren Fruchtfleisch essbar ist und zahlreiche Vögel anzieht, welche seine Samen verbreiten. Die Frucht enthält den Samenkern, welcher neben den Blättern und der Rinde die biologisch aktiven Inhaltsstoffe enthält. Unter guten Bedingungen sind mehrere Ernten im Jahr möglich, mit einem Ertrag von 15-30 kg (Schmutterer, 1990). In guten Jahren sollen sogar Ernten mit 50 kg/Baum möglich sein (Benge, 1988, Schmutterer, 1990). Aufgrund seiner medizinischen und insektiziden Eigenschaften findet der Neembaum in der traditionellen Medizin und Landwirtschaft Indiens bis heute Verwendung (Ketkar und Ketkar, 1995). Neben *Azadirachta indica* existieren noch zwei andere Neembaumarten: *Azadirachta siamensis* und *Azadirachta excelsa* (Hein, 1995; Schmutterer et al. 1995; Sombatsiri et al. 1995).

Inhaltsstoffe

Die überwiegende Zahl biologisch aktiven Substanzen im Neembaum gehören zu der Klasse der Triterpenoide. Zu den wichtigsten gehören hier die Azadirachtine, von denen mehrere Unterordnungen Azadirachtin A-N bekannt sind (Veitch et al. 2007). Diese unterscheiden sich hauptsächlich durch die verschiedenen Substituenten an den C-Atomen (Kraus, 1995, Ley et al. 1993, Jones et al. 1988, Veitch et al. 2007).

Azadirachtin A ist die wichtigste insektenabschreckende (repellierende) oder fraßmindernde (antifeedant) Substanz des Neembaumes. Weiterhin wirkt Azadirachtin A häutungsvermindernd und sterilisierend (Larew, 1988, Schmutterer et al. 1995). Es ist in den Samenkernen quantitativ am stärksten vertreten. Je nach Herkunft und Vorbehandlung sind in 1 kg Samenmaterial 2-11 g Azadirachtin nachweisbar (Ermel, 1995).

3- Tigloylazadirachtol (= Azadirachtin B) ist zweitwichtigste Substanz, die Menge beträgt etwa ein Drittel des Azadirachtins A (Kraus 1995, Jones et al. 1988). Die Azadirachtine werden für bis zu 90% der Gesamtwirkung der Neemsamenkerninhaltsstoffe auf Insekten verantwortlich gemacht. Die Menge an Azadirachtin ist umso größer, je unwirtlicher der Standort des Baumes ist (Schmutterer, 1995). Es sind außerdem eine ganze Reihe weiterer biologisch wirksamer Substanzen aus dem Neembaum beschrieben (Kraus, 1995). Zu den bedeutenden Inhaltsstoffen zählen Salannin und Meliantrol, sie haben eine repellente bzw. fraßmindernde Wirkung auf Insekten. Nimbin, Nimbidin und Nimbidol wirken antiviral, antibakteriell, antifungal, protozoenschädigend und antipyretisch. Gedunin zeigt eine Wirkung gegen den Malariaerreger Plasmodium und (Natrium)nimbinat hat eine spermizide Wirkung (Kraus, 1995).

Neem-Produkte

Es sind eine Vielzahl von Neem-Produkten auf dem europäischen Markt, die von Neem-Pulvern bis zu Neem-Kuchen (Neem-Cake) reichen. Als eine einfache Methode Neem-Insektizide herzustellen wird das Vermahlen von Neem-Samen beschrieben. Dieses Pulver kann verwendet werden um z.B. den Maiszünsler zu bekämpfen (Hellpap & Dreyer, 1995). In den Boden eingearbeiteter Neem-Kuchen oder Neem-Pellets reduzieren die von Nematoden verursachten Schäden an den Wurzeln und unterdrücken verschiedene in der Rhizosphäre vorkommende Pilze (Hellpap & Dreyer 1995).

Ein wesentliches Problem bei der Herstellung von Neem-Produkten zur Schädlingsbekämpfung sind die verschiedenen Inhaltsstoffe, welche je nach Herkunft des Pflanzenmaterials und des verwendeten Pflanzenteils unterschiedlich sind (Kleeberg, 2001). Um aber eine Zulassung als Pflanzenschutzmittel zu bekommen, muss gewährleistet sein, dass diese eine gleichbleibende Zusammensetzung enthalten, um die Qualität zu sichern. Aufgrund dessen werden die oben genannten Produkte in Europa weitgehend nur von Hobbygärtnern angewandt. In den USA werden vor allem Neem-Cakes auch großflächig auf landwirtschaftlich genutzten Flächen ausgebracht. Weiterhin finden Neem-Inhaltsstoffe sowohl in der Human- als auch in der Tiermedizin Verwendung. Es gibt zahlreiche Neem-Präparate zur Schädlingsbekämpfung bei Heim- und Nutztieren, z.B. NeemproPet und NeemproSheep der Firma Trifolio-M. Ebenfalls sind zahlreiche Neem-Shampoos z.B. zur Behandlung von Kopfläusen auf dem Markt.

Aufgrund der Schwankungen der Inhaltsstoffe in natürlichen Neem-Produkten sind in Deutschland, auch für den Organischen Landbau, als Insektizide nur Formulierungen mit 1% Azadirachtin A (10 g/l) entsprechend maximal 4% natürlichem Neem-Kern-Extrakt zugelassen.

Veitch et al. haben 2007 das Verfahren zur Synthese von Azadirachtin vorgestellt, allerdings wird sich dieses aufgrund der recht billigen Möglichkeit der Extraktion aus dem Pflanzenmaterial wohl nicht durchsetzen.

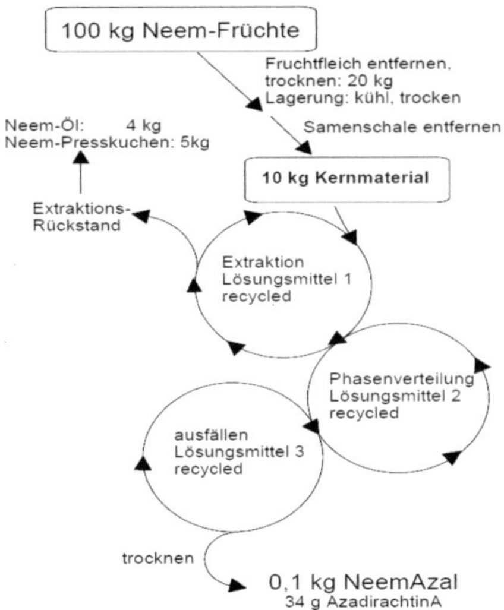

Abbildung 1: Schematische Darstellung von NeemAzal aus Neem-Früchten (Kleeberg, 2001)

Die Produktion von Produkten mit 1% Azadirachtin erfolgt standardisiert nach einem dreistufigen Verfahren zur Extraktion von Azadirachtin A (Abb. 1). In Deutschland sind derzeit 3 Produkte mit dieser Wirkstoffzusammensetzung auf dem Markt: NeemAzal T/S der Firma Trifolio-M, welches für den ökologischen Landbau gedacht ist, sowie 2 Produkte für den Kleingartenbereich.

Wirkungsweise

Die Neem-Inhaltsstoffe werden durch die Wurzeln der behandelten Pflanzen und oberirdische Pflanzenteile systemisch in die Pflanze aufgenommen. Dort können sie über Xylem und Phloem verlagert werden. Da es sich auch um ein Fraßgift handelt müssen die Inhaltsstoffe in den Insektendarm gelangen um dort ihre Wirksamkeit zu entfalten. Neem, vor allem Azadirachtin, wirkt dabei hauptsächlich auf die Larven, die Eier und die Imagines werden weniger geschädigt. Das beschriebene Wirkungsspektrum umfasst etwa 400 Arten (Schmutterer, 1988 & 1990).

<u>Wirkung auf das Fraßverhalten:</u>

Die Wirkung auf das Fraßverhalten gliedert sich in primäre und sekundäre Antifeedant-Effekte. Zu den primären Effekten zählt die repellierende Wirkung von Neem, die behandelte Pflanze wird von weniger Schädlingen befallen (Schmutterer, 1990). Eine weitere Wirkung ist, dass die Weibchen einiger Insektenarten ihre Eier nicht mehr unter den behandelten Pflanzen legten, so dass es zu keinen Fraßschäden durch die Larven kam. Diese Effekte waren allerdings nicht bei der Behandlung mit reinem Azadirachtin A zu beobachten (Ascher, Schmutterer & Rembold, 1982; Saxena & Rembold, 1984).

Neem hat auch eine phagodeterrente Wirkung, d.h. die Insekten beißen zwar in die mit Neem-Präperaten behandelten pflanzen, fressen dann aber über einen längeren Zeitraum nicht weiter (Ascher, Schmutterer & Rembold, 1982).

Weiterhin gibt es noch eine Reihe von sekundären Antifeedant-Effekten: So fressen Insektenlarven zwar von neembehandeltem Futter, aber deutlich weniger als Kontrolltiere von unbehandelter Nahrung. Vom Blickpunkt der Schädlingsbekämpfung ist sekundäre Wirkung wesentlich wichtiger als primäre. Die Darmperistaltik (z. B. bei Heuschrecken) nach Azadirachtin-Aufnahme erheblich reduziert. Dies führt zu einer verminderten Fraßtätigkeit, Verzögerung der Metamorphose, häufiges Absterben bei Häutungen, kleinere Imagines mit geringerer Fortpflanzungsleistung. Diese Wirkung kann auch durch Injektion von Azadirachtin oder Hautkontakt erreicht werden (Schmutterer, 1995). Azadirachtin ist von allen Neem-Inhaltsstoffen dasjenige mit der stärksten Antifeedant-Wirkung. Allerdings gibt es aber erhebliche Unterschiede von Art zu Art bezüglich des Wirkungsgrades, bei manchen Arten ergibt sich nur eine geringe Wirkung oder es findet eine allmähliche Gewöhnung an den Wirkstoff statt (Schmutterer, 1995).

<u>Wirkung auf die Metamorphose:</u>

Nach Azadirachtinaufnahme beim Fraß (teilweise auch durch die Haut) wird die nächste oder übernächste Häutung zum folgenden Larvenstadium, zur Puppe oder zur Imago gestört oder ganz verhindert. Als Endergebnis stirbt das betroffene Insekt entweder ab, weil es die Exuvie nicht abstreifen kann, oder es entstehen, vor allem beim Einsatz niedriger Azadirachtinkonzentrationen, morphogenetisch geschädigte Larven, Puppen oder schließlich Imagines mit unterschiedlich stark verminderter Fortpflanzungsleistung. Nach Azadirachtinaufnahme im vorangegangenen Stadium ist bei manchen Käfern, Wanzen und Heuschrecken das letzte Larvenstadium zur Häutung überhaupt nicht mehr fähig (z.B. *Periplanta americana, Leptinotarsa decemlineata*) und wird dann als „Dauerlarve" bezeichnet, die kaum mehr Nahrung zu sich nimmt und nach einiger Zeit abstirbt (Schmutterer, 1990 & 1995, Hummel & Kleeberg, 2003) (Abb. 2). Viele Insekten zeigen verkrüppelte Flügel oder sonstige Missbildungen und werden flugunfähig. Zur Erzielung der genannten morphogenetischen Effekte sind bei den meisten Arten nur sehr niedrige Azadirachtinkonzentrationen erforderlich (1 µg/g Körpergewicht). Manche Arten sind aber unempfindlicher und benötigen höhere Konzentrationen (Schmutterer, 1995).

Die Ursache ist die Einwirkung von Azadirachtin auf das Hormonsystem der Insekten (Abb. 3). Es kommt zu einer Unterdrückung des Häutungshormons Ecdyson und des Juvenilhormons. Ecdyson löst die Häutung aus und bewirkt die Verwandlung in das erwachsene Tier, der Gegenspieler Juvenilhormon hemmt dagegen die vorschnelle Entwicklung zur Imago (Hallmann et al. 2007). Durch die ecdysonartige Wirkung von Azadirachtin kann es dadurch zu verschiedenartigen morphologischen Schäden kommen (Schmutterer, 1995).

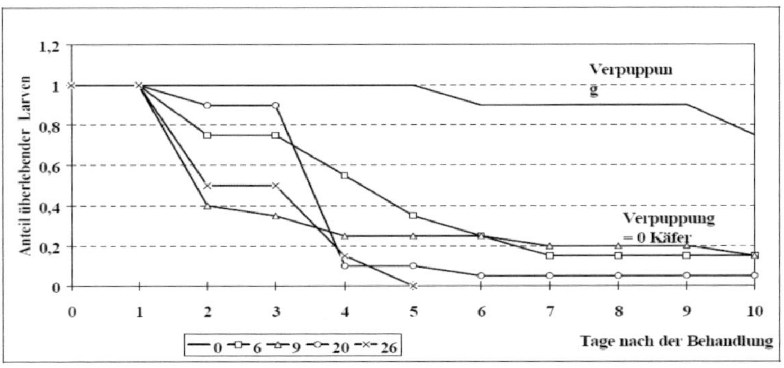

Abbildung 2: Anteil überlebender Larven Leptinotarsa decemlineata (L III) in Abhängigkeit von der Aufnahmedauer (in Std.) von behandelter Blattmasse(Labor, N = 20, NeemAzal-T/S 0,5%-tig, 1997) (Hummel & Kleeberg, 2003)

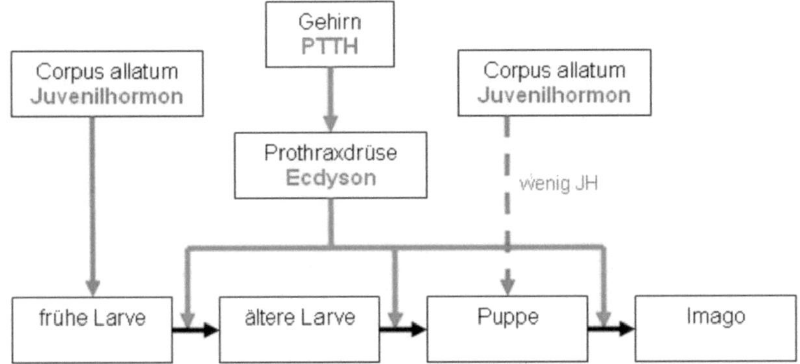

Abbildung 3: Hormonelle Regulation der Insektenentwicklung (wikipedia.de)
http://upload.wikimedia.org/wikipedia/commons/thumb/8/85/Hormvg/480px....svg.png

Wirkung auf Fortpflanzung:

Die Minderung der Fortpflanzungsfähigkeit ergibt sich meist als Folge verringerter Nahrungsaufnahme und Missbildungen. Ein weiterer Grund ist die Unterdrückung der Ecdysteroide und Juvenoide, die für Eientwicklung unentbehrlich sind, dadurch kommt es generell zu einer starken Reduzierung der Fertilität bzw. Fekundität (Zahl der gelegten Eier) (Schmutterer, 1995).

Zielorganismen (nach Schmutterer, 1995)

Lepidoptera (Schmetterlinge):

- Eine der wichtigsten Zielgruppen der Neem-Präparate
- Schneller Fraß von kontaminierter Pflanze ist wichtig.

Coleoptera (Käfer):

- Im gemäßigten Klima nur in einigen Fällen geeignete Zielorganismen. Grund: Viele Arten haben keine „freifressende" Lebensweise, sondern entwickeln sich versteckt in Pflanzenteilen oder an anderen geschützten Stellen.
- Gute Wirkung gegen Kartoffelkäfer und Getreidehähnchen: Diese Arten fressen als Larven (und Imagines) frei an den Blättern ihrer Nährpflanzen und sind deshalb mit Neem-Präparaten gut erreichbar.
- Beim Maikäfer erfolgt Wirkung durch Fertilitätsminderung bzw. Sterilisierung (guter

Schutz vor gefräßigen Engerlingen).

Hemiptera-Homoptera:

- Bei Blattläusen je nach Art und Pflanze stark unterschiedlicher Wirkungsgrad: aufgrund geringer Kontaktwirkung Erfolg von systemischem Effekt in Pflanze abhängig; dieser ist je nach Pflanzenart unterschiedlich stark ausgeprägt; Larven der Grünen Pfirsichblattlaus (*Myzus persicae*) sind bei Neemanwendung an Senfblättern 20mal empfindlicher als bei Maisblättern
- Problematisch für den Erfolg ist das teilweise Ausscheiden des Wirkstoffs über den Honigtau.
- Gute Wirkung gegen *Aleyrodiden* (Weiße Fliegen).

Acarina (Spinnmilben):

- Nur begrenzte, repellente Wirkung

Nematoden:

- Gute Wirksamkeit gegen ein breites Spektrum verschiedener Nematodenarten
- Neem verhindert das Schlüpfen der Nematoden aus den Eier
- Einarbeitung des Presskuchens in den Boden
- Wirkt auch durch Hemmung von denitrifizierenden Bakterien ertragssteigernd

Warmblüter- und Phytotoxizität

Warmblütertoxizität extrem niedrig, bei NeemAzal beträgt die Oraltoxizität für Ratten >5000 mg/kg ; für Vögel gelten ähnliche Werte. Alle Tests zur Ermittlung der chronischen Toxizität einschließlich mutagener Wirkungen sowie zur reproduktiven Toxizität und Karzinogenität (Maus) verliefen negativ, d.h. es konnten keine derartigen Eigenschaften festgestellt werden (Schmutterer, 1995).

Problematisch kann jedoch evtl. die Mykotoxinbelastung sein. Die ölhaltigen Pflanzensamen sind für Pilze der Gattung *Aspergillus* sehr attraktiv und können von deren Aflatoxinen belastet sein, die stark kanzerogen auf Leber und Magen wirken. Diese Gefahr lässt sich jedoch durch sorgfältiges Sammeln, Entpulpen und Trocknen der Neemfrüchte vermeiden (Kleeberg, 2001, Schmutterer, 1995).

Umweltwirkungen

Neem-Präperate werden rasch im Boden abgebaut und sind allgemein gut nützlingsverträglich. Sie sind gut bienenverträglich, da die Metamorphose bei den

Arbeiterinnen der Honigbiene schon abgeschlossen ist; aber auch die Bienenbrut ist neemunempfindlich, weshalb die theoretische Möglichkeit eines Eintrags kontaminierter Pollen in die Brut keine Gefahr darstellt. Es ist auch gut spinnenverträglich, da Spinnen ein etwas modifiziertes Hormonsystem als Insekten haben und die oft stark sklerotisierte Spinnenhaut das Eindringen in den Organismus erschweren. Raubmilben werden meist weniger geschädigt als ihre Beutetiere (Schmutterer, 1995). Probleme können jedoch bei Ohrwürmern, Marienkäfern, Schwebfliegen und Schlupfwespen (*Trichogramma*) jeweils im Larvenstadium in Form der geschilderten Deformationen auftreten (Saber, Hejazi & Hassan, 2004, Schmutterer 1995).

Medizinische Nutzung

In der Hindu-Mythologie glaubt man: „ein paar Tropfen himmlischen Nektars sollen auf den Neembaum gefallen sein". Der Neembaum ist von großer Bedeutung in der Volksmedizin Indiens. Die Behandlung verschiedenster Krankheiten erfolgt durch die Blätter, Wurzeln und Rinde des Neembaums, darunter: Haarausfall, Fieber, Hautkrankheiten, Zahnkrankheiten, Malaria, Ruhr. Junge Zweige werden als Zahnbürste verwendet, Blätter werden in Getreidelager, Kleidung, Bücher etc. gelegt, um Schädlinge abzuwehren. Neembäume werden häufig am Rand oder inmitten von Feldern gepflanzt, um Insektenbefall zu minimieren und Schatten zu spenden (Ketkar und Ketkar, 1995). Neem-Präparate sind dank ihrer antibakteriellen, antifungalen und antiviralen Wirkung ebenfalls gut als Antiseptikum (Desinfektionsmittel) geeignet. Es hat fiebersenkende, entzündungshemmende und schmerzlindernde Wirkung. Weiterhin kann Neem zur Bekämpfung diverser Tropenkrankheiten genutzt werden, z. B.:

- Chagas (= südamerikanische *Trypanosomiasis*). Übertragungsvektoren sind Raubwanzen, die nachts von Menschen und Tieren Blut saugen. Neem eignet sich gut zur Bekämpfung der Raubwanzen und befreit diese gleichzeitig von den Erregern.
- Malaria: Schutz durch repellente Wirkung auf Malariamücke; fiebersenkend und Plasmodium - hemmend durch Inhaltsstoff Gedunin.

(Ketkar und Ketkar, 1995).

Fazit

Aus dem Neembaum lassen sich umwelt- und gesundheitsverträgliche Schädlingsbekämpfungsmittel mit einem breiten Wirkungsspektrum herstellen, das auch für Bauern in der Dritten Welt preisgünstig verfügbar ist bzw. sein kann ($\rightarrow$ Patentstreitigkeiten s.u.). Weitere Vorteile sind die Anspruchslosigkeit des Neembaumes, dessen Nutzung sich bei weitem nicht in Insektizidherstellung erschöpft. Die Forschung zur modernen humanmedizinischen Nutzung befindet sich noch im Anfangsstadium, ist aber vielversprechend. Aber verglichen mit anderen Insektiziden haben Neem-Präparate eine langsame Wirkung. Weiterhin sind Ertrag und Wirkstoffgehalt der Samen in Abhängigkeit von Genotyp, Standort und Witterungsverlauf stark schwankend. Auch sind Neem-Inhaltsstoffe gegenüber UV- Strahlung und hohen Temperaturen instabil und nicht von der Pflanze aufgenommene Wirkstoffe werden unter Sonneneinstrahlung schnell abgebaut.

„Seit 1985 wurden von amerikanischen, japanischen und europäischen Firmen mehr als 90 Patente auf Wirkeigenschaften und Extraktionsverfahren angemeldet. Die amerikanische Firma W.R.Grace errichtete Produktionsstätten zur Niemverarbeitung in Indien und kaufte zudem indische Firmen auf. Dies führte zu Preissteigerung des Niemsamens von 11 auf über 100 US-Dollar je Tonne und hatte zur Folge, dass kleinere indische Firmen und arme Bauern nicht mehr in der Lage waren, Niemsamen anzukaufen. Wegen der zahlreichen Patente konnten unabhängige indische Firmen ihre Produkte auch nicht mehr nach Europa oder die USA exportieren, was zu bedeutenden Umsatzverlusten führte.

Im Jahr 1993 wurde in Indien die „Neem Campaign" gegründet, um gegen mutmaßlich zu Unrecht erteilte Patente vorzugehen.

Besonders das Patent EP 0 436 257 B1, das 1994 dem US-Landwirtschaftsministerium zusammen mit dem Unternehmen W.R.Grace vom Europäischen Patentamt in München erteilt wurde, hatte für Aufsehen gesorgt. Es betrifft ein *"Verfahren zum Bekämpfen von Fungi an Pflanzen"* (Patentanspruch 1) bzw. ein *"Verfahren zum Schützen von Pflanzen vor Pilzbefall"* (Patentanspruch 7), wobei beide Verfahren dadurch gekennzeichnet sind, *"dass man die Fungi/ die Pflanze mit einer Niemölformulierung, enthaltend 0,1 bis 10% eines hydrophobisch extrahierten Niemöls, das im wesentlichen frei von Azadirachtin ist, 0,005 bis 5,0% emulgierendes Tensid und 0 bis 99% Wasser kontaktiert"*.

U.a. die Gewinnerin des Alternativen Nobelpreises Vandana Shiva erhob Einspruch gegen die Erteilung des Patents. Im Mai 2000 wurde, nach zweitägigen Verhandlungen im Einspruchsbeschwerdeverfahren vor der technischen Beschwerdekammer des EPA das Patent aufgrund fehlender "erfinderischen Tätigkeit", neben der "Neuheit" die wichtigste

Patentierungsvoraussetzung, widerrufen. Die Beschwerdekammer befand, dass das im Patent beschriebenes Verfahren zum Prioritätszeitpunkt (26. Dezember 1989) zwar neu sei, es aber angesichts der Tatsache, dass fungizide Wirkungen von Pflanzenölen vielfach bekannt seien, keiner erfinderischen Tätigkeit bedurfte, bekannte Rezepturen auch auf bislang ungenutzte Pflanzen anzuwenden und so zu den patentierten Verfahren zu gelangen. Ein Votum gegen Patente auf Pflanzen an sich stellt diese Entscheidung jedoch nicht dar.

Inzwischen ist noch ein weiteres Patent auf Niem-Produkte vom europäischen Patentamt endgültig widerrufen wurden (Stand 2005)." (www.wikipedia.de, 8.6.10)

Literatur

- Benge, M.D. 1988: Cultivation and Propagation of the Neem Tree. 1988 Focus on Phytochemical Pesticides. Volume 1. The Neem Tree. CRC Press, Inc. Boca Raton, Florida. 1-18

- Ermel, K. 1995: Azadirachtin Content of Neem Seed Kernels from Different Regions of the World. The Neem Tree. Source of Unique Natural Products for Integrated Pest Management, Medicine, Industry and other Purposes. Edited by H. Schmutterer. VCH Verlagsgesellschaft mbH. Weinheim. 89-92

- Fagoonee, I. 1981: Behavioral response of *Crocidolomia binotalis* to neem. Natural Pesticides From the Neem Tree (*Azadirachta indica* A. Juss.). Proceedings of the first international Neem conference. 1982, GTZ Verlag. Eschborn. 109-120

- Hallmann, J., Quadt-Hallmann, A. und von Tiedemann, A. 2007:Phytomedizin. Grundwissen Bachelor. Verlag Eugen Ulmer Stuttgart.

- Hein, D.F., Hummel, H.E. 1995: Biological activity of *Azadirachta excelsa*-extracts purified by counter-current chromatography and determined by bioassay with *Epilachna varivestis* Muls. Mitt. Dtsch. Ges. Allg. Angew. Ent. 10. 247-250

- Hellpap, C. und Dreyer, M. 1995: The Smalholder's Homemade Products. The Neem Tree. Source of Unique Natural Products for Integrated Pest Management, Medicine, Industry and other Purposes. Edited by H. Schmutterer. VCH Verlagsgesellschaft mbH. Weinheim. 367-374

- Hoffmann, G.M., Nienhaus, F., Poehling H-M., Schönbeck, F., Weltzien, H.C. und Wilbert, H. 1993: Lehrbuch der Phytomedizin, 3. Auflage. Blackwell-Wiss.-Verlag.

Berlin.

- Hummel, H.E., Hein, D.F. und Leithold G. 2008: Niem als natürliche Rohstoffquelle für den nachhaltigen Pflanzenschutz einschließlich des ökologischen Landbaus. Mitt. Dtsch. Ges. Allg. Angew. Ent. 16. 487-490

- Hummel, E. und Kleeberg, H. 2003: Möglichkeiten der Anwendung von NeemAzal-T/S im Kartoffelanbau. XXV Nordic-Baltic Congress of Entomology. Riga.

- Jones, P.S., Ley, S.V., Morgan E.D. und Santafianos D. 1988: The chemistry of the neem tree. 1988 Focus on Phytochemical Pesticides. Volume 1. The Neem Tree. CRC Press, Inc. Boca Raton, Florida. 19-46

- Ketkar, A.Y. und Ketkar, M.S. 1995: Medicinal Uses Including Pharmacology in Asia. The Neem Tree. Source of Unique Natural Products for Integrated Pest Management, Medicine, Industry and other Purposes. Edited by H. Schmutterer. VCH Verlagsgesellschaft mbH. Weinheim. 518-525

- Kienzle, J. 2001: Pyrethum- und Neempräparate im Ökologischen Obstbau. Berichte aus der Biologischen Bundesanstalt 76. Saphir-Verlag. Ribbesbüttel. 28-35

- Kleeberg, H. 2001: Niem-Produkte: Herstellung, Standardisierung und Qualitätssicherung. Berichte aus der Biologischen Bundesanstalt 76. Saphir-Verlag. Ribbesbüttel. 16-25

- Kraus, W. 1995: Azadirachtin and other triterpenoids. The Neem Tree. Source of Unique Natural Products for Integrated Pest Management, Medicine, Industry and other Purposes. Edited by H. Schmutterer. VCH Verlagsgesellschaft mbH. Weinheim. 35-74

- Larew, H.G. 1988: Effect of Neem on Insect Pests of Ornamental Crops Including Trees, Shrubs and Flowers. 1988 Focus on Phytochemical Pesticides. Volume 1. The Neem Tree. CRC Press, Inc. Boca Raton, Florida. 87-96

- Ley, S.V., Denholm A.A. und Wood A. 1993: The chemistry of azadirachtin. Nat. Prod. Rep. 109-157

- Saber, M., Hejazi, M.J. und Hassan, S.A. 2004: Effects of azadirachtin/NeemAzal in different stages and adult life table parameters of *Trichogramma cacoecidae* (Hymenoptera: Trichogrammatidae). J. Econ. Entomol. 97(3). 905-910

- Saxena, K.N., Rembold, H. 1984: Orientation and ovipositional respose of *Heliotis armigera* to certain neem constituents. Schmutterer, H., Ascher, K.R.S., Rembold, H. 1980: Natural Pesticides From the Neem Tree (*Azadirachta indica* A. Juss.).

Proceedings of the second international Neem conference. 1983, GTZ Verlag. Eschborn. 199-210

- Quadri, S.H., Narsaiah, J. 1978: Effect of azadirachtin on the moulting process of last instar nymphs of *Periplaneta americana*. Indian J. Exp. Biol. 16. 141
- Richtlinie 91/414/EWG des Rates vom 15. Juli 1991 über das Inverkehrbringen von Pflanzenschutzmitteln
- Schmutterer, H., Ascher, K.R.S., Rembold, H. 1980: Natural Pesticides From the Neem Tree (*Azadirachta indica* A. Juss.). Proceedings of the first international Neem conference. 1982, GTZ Verlag. Eschborn.
- Schmutterer, H. 1990: Properties and potential of natural pesticides from the neem tree, *Azadirachta indica*. Annu. Rev. Entomol. 1990. 35. 271-297
- Schmutterer, H. et al. 1995: Biological Effects of Neem and their Mode of Action. The Neem Tree. Source of Unique Natural Products for Integrated Pest Management, Medicine, Industry and other Purposes. Edited by H. Schmutterer. VCH Verlagsgesellschaft mbH. Weinheim. 167-230
- Schmutterer, H., Ermel, K. 1995: The Sentang or Marrago Tree: *Azadirachta excelsa* (JACK). The Neem Tree. Source of Unique Natural Products for Integrated Pest Management, Medicine, Industry and other Purposes. Edited by H. Schmutterer. VCH Verlagsgesellschaft mbH. Weinheim. 598-604
- Sombatsiri, K., Ermel, K. und Schmutterer, H. 1995: The Thai Neem Tree: *Azadirachta siamensis* (VAL.). The Neem Tree. Source of Unique Natural Products for Integrated Pest Management, Medicine, Industry and other Purposes. Edited by H. Schmutterer. VCH Verlagsgesellschaft mbH. Weinheim. 585-597
- Veitch, G.E., Beckmann, E., Burke, B.J., Boyer, A., Malsen, S.L. und Ley, S.V. 2007: Synthesis of Azadirachtin: A Long but Successfil Journey. Angew. Chem. Int. Ed. 2007. 46. 7629-7632
- www.purnatur-world.de
- www.trifolio-m.de
- www.wikipedia.de